동물보건 실습지침서

동물보건영상학 실습

김경민·박영재 저

김영훈·윤은희·이영덕·황인수 감수

박영
story

머리말

　최근 국내 반려동물 양육인구 증가에 따라, 인간과 더불어 사는 동물의 건강과 복지 증진에 관한 산업 또한 급성장을 이루고 있습니다. 이에 양질의 수의료서비스에 대한 사회적 요구는 필연적이며, 국내 동물병원들은 동물의 진료를 위해 진료 과목을 세분화하고, 숙련되고 전문성 있는 수의료보조인력을 고용하여, 더욱 체계적이고 높은 수준으로 수의료진료서비스 체계를 갖추고 있습니다.

　2021년 8월 개정된 수의사법이 시행됨에 따라, 2022년 이후부터는 매년 농림축산식품부에서 주관하는 국가자격시험을 통해 동물보건사가 배출되고 있습니다. 동물보건사는 동물에 대한 관찰, 체온·심박수 등 기초 검진 자료의 수집, 간호판단 및 요양을 위한 간호 등 동물 간호 업무와 약물도포, 경구투여, 마취·수술의 보조 등 동물 진료 보조 업무를 수행하고 있습니다.

동물보건사 양성기관은 일정 수준의 동물보건사 양성 교육 프로그램을 구성하고, 동물보건사 필수교과목에 해당하는 교내 실습교육이 원활하고 전문적으로 이뤄질 수 있도록 교육 시스템을 마련해야 할 것입니다. 본 실습지침서는 동물보건사 양성기관이 체계적으로 동물보건사 실습교육을 원활하게 지도할 수 있도록 학습목표, 실습내용 및 준비물 등을 각 분야별로 빠짐없이 구성하였습니다. 또한 학생들이 교내 실습교육을 이수한 후 실습내용 작성 및 요점 정리를 할 수 있도록 실습일지를 제공하고 있습니다.

　　앞으로 지속적으로 교내실습 교육에 활용할 수 있는 교재로 개선해 나갈 것이며, 이 교재가 동물보건사 양성기관뿐만 아니라 동물보건사가 되기 위해 준비하는 학생들에게도 유용한 자료가 되기를 바랍니다.

2023년 3월
저자 일동

학습 성과	
학 교	
실습학기	
지도교수	
학 번	
성 명	

실습 유의사항

 실습생준수사항

1. 실습시간을 정확하게 지킨다.
2. 실습수업을 하는 동안 항상 실습지침서를 휴대한다.
3. 학과 실습 규정에 따라 실습에 임하며 규정에 반하는 행동을 하지 않는다.
4. 안전과 감염관리에 대한 교육내용을 사전 숙지한다.
5. 사고 발생시 학과의 가이드라인에 따라 대처한다.
6. 본인의 감염관리를 철저히 한다.

실습일지 작성

1. 실습 날짜를 정확히 기록한다.
2. 실습한 내용을 구체적으로 작성한다.
3. 실습 후 토의 내용을 숙지하여 작성한다.

실습지도

1. 학생이 이론과 실습이 균형된 경험을 얻을 수 있도록 이론으로 학습한 내용을 확인한다.
2. 실습지침서에 기록된 사항을 고려하여 지도한다.
3. 모든 학생이 골고루 실습 수업에 참여할 수 있도록 지도한다.
4. 학생들의 안전에 유의한다.

실습성적평가

1. _____시간 결석시 _____점 감점한다.
2. _____시간 지각시 _____점 감점한다.
3. _____시간 결석시 성적 부여가 불가능(F) 하다.

* 실습성적평가체계는 각 실습기관이 자체설정하여 학생들에게 고지한 후 실습을 이행하도록 한다.

주차별 실습계획서

주차	학습 목표	학습 내용
1	방사선영상진단의 기본 개념에 대해 이해하고 설명할 수 있다.	- 방사선영상진단의 기본 개념 - 동물진단용 영상진단기기의 종류
2	방사선의 발생 원리와 장비의 구성에 대해 설명할 수 있다.	- x-선의 발생 과정 - 동물진단용 방사선 발생 장치의 구성
3	방사선 노출조건표를 작성할 수 있다.	- 양질의 영상을 얻기 위한 방사선 노출조건표의 작성 - 동물환자의 체격과 검사 부위에 따른 방사선 노출 조건의 설정
4	방사선 안전관리를 숙지하고 보호장비를 알맞게 착용할 수 있다.	- 방사선 안전의 중요성 - 동물진단용 방사선 관련 종사자가 주의할 점 - 방사선 보호장비의 착용 및 안전 수칙 준수
5	방사선 촬영자세에 관한 용어를 이해하고 검사에 적용할 수 있다.	- 몸의 방향과 위치를 표현하는 용어 - 자세잡기 용어의 규칙 - 방사선 촬영을 위한 자세 관련 용어의 적용
6	방사선검사의 영상처리 방법을 알고 처리할 수 있다.	- 아날로그(analog) 영상 처리 방법 - 디지털(digital) 영상 처리 방법
7	흉부 방사선 촬영 방법을 알고 원활하게 검사보조를 할 수 있다.	- 흉부 방사선 촬영 방법 - 흉부 방사선영상에서 동물의 정상 해부학적 구조
8	복부 방사선 촬영 방법을 알고 원활하게 검사보조를 할 수 있다.	- 복부 방사선 촬영 방법 - 복부 방사선영상에서 동물의 정상 해부학적 구조
9	앞다리 방사선 촬영 방법을 알고 원활하게 검사보조를 할 수 있다.	- 앞다리 방사선 촬영 방법 - 앞다리 방사선영상에서 동물의 정상 해부학적 구조

주차	학습 목표	학습 내용
10	뒷다리 방사선 촬영 방법을 알고 원활하게 검사보조를 할 수 있다.	– 뒷다리 방사선 촬영 방법 – 뒷다리 방사선영상에서 동물의 정상 해부학적 구조
11	척추 방사선 촬영 방법을 알고 원활하게 검사보조를 할 수 있다.	– 척추 방사선 촬영 방법 – 척추 방사선영상에서 동물의 정상 해부학적 구조
12	머리 방사선 촬영 방법을 알고 원활하게 검사보조를 할 수 있다.	– 머리 방사선 촬영 방법 – 머리 방사선영상에서 동물의 정상 해부학적 구조
13	식도조영검사 방법을 이해하고 원활하게 검사보조를 할 수 있다.	– 조영제의 종류 – 식도조영검사 방법
14	방광조영검사 방법을 이해하고 원활하게 검사보조를 할 수 있다.	– 역행성 요로조영술 – 방광조영검사 방법
15	초음파 검사 기기의 원리와 구성을 이해하고 원활하게 검사보조를 할 수 있다.	– 초음파검사의 원리 – 초음파 장비의 구성
16	복부초음파 검사를 보조할 수 있다.	– 복부초음파 검사 장비의 준비 – 복부초음파 동물환자의 준비
17	심장초음파 검사를 보조할 수 있다.	– 심장초음파 검사 장비의 준비 – 심장초음파 동물환자의 준비

주차	학습 목표	학습 내용
18	안초음파 검사를 보조할 수 있다.	– 안초음파 검사 장비의 준비 – 안초음파 동물환자의 준비
19	CT 관리와 원활한 검사 보조를 할 수 있다.	– CT 검사 원리 – CT 촬영 준비
20	MRI 관리와 원활한 검사 보조를 할 수 있다.	– MRI 검사 원리 – MRI 촬영 준비 – MRI 검사 시 안전 및 유의사항

차례

PART 01 방사선검사 원리의 이해와 촬영 준비

PART 02 검사 부위에 따른 방사선검사 보조

동물보건 실습지침서

✤

동물보건영상학 실습

박영
story

학습목표

- 방사선영상진단의 기본 개념에 대해 이해하고 설명할 수 있다.
- 방사선의 발생 원리와 장비의 구성에 대해 설명할 수 있다.
- 방사선 노출조건표를 작성할 수 있다.
- 방사선 안전관리를 숙지하고 보호장비를 올바르게 착용할 수 있다.
- 방사선 촬영자세에 관한 용어를 이해하고 검사에 적용할 수 있다.
- 방사선검사의 영상처리 방법을 알고 처리할 수 있다.

PART

01

방사선검사 원리의 이해와
촬영 준비

01

방사선영상진단의 기본 개념 이해하기

실습개요 및 목적

독일의 과학자 빌헬름 뢴트겐이 X-선을 최초로 발견한 이후 방사선영상진단은 동물 의료 현장에서 매우 중요한 진단 수단으로 자리매김하고 있다. 이러한 방사선영상진 단의 진단 원리는 방사선 영상의 정상상과 질병이 있는 환자의 영상을 비교·대조하여 무엇이 다른지 찾아내고 그로 인해 예상되는 질병을 찾아내는 것으로, 정상 해부학 영상과 환자의 영상을 비교해보면서 영상진단의 기본 개념을 이해할 수 있다.

실습준비물

Find the ten differences between the two pictures.

틀린그림 찾기 도안	

방사선 정상 해부학 영상		
동물환자의 방사선 영상		

1. 2개의 그림에서 무엇이 서로 다른지 찾아본다(10개).

2. 정상 방사선 사진과 환자의 방사선 사진을 비교·대조해 보면서 무엇이 다른지 찾아보고 방사선영상진단의 기본 원리를 이해하고 설명한다.

3. 방사선영상진단을 할 때 수의사가 작은 병변도 찾아낼 수 있도록, 양질의 방사선 사진을 얻기 위해 어떤 노력이 필요한지 의논한다.

실습 일지

실습 날짜	. . .

실습 내용	
토의 및 핵심 내용	

교육내용 정리

02

방사선 발생 원리와 장비의 구성

실습개요 및 목적

X선은 X선관에서 빠른 속도로 가속화된 전자가 금속(target)과 충돌할 때 생성된다. 이러한 방사선의 발생 원리를 이해하고 방사선 장비의 구성을 이해함으로써 동물병원에서 사용하는 방사선 장비를 효율적으로 관리·활용하는 방사선 검사보조 실무 능력을 함양할 수 있다.

실습준비물

방사선 촬영기기 또는 모형	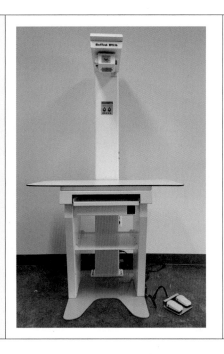	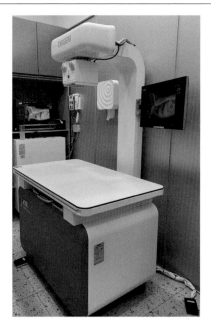

1. 방사선관(x-ray tube)의 내부 구조를 그리고 X선 발생 원리를 설명한다.

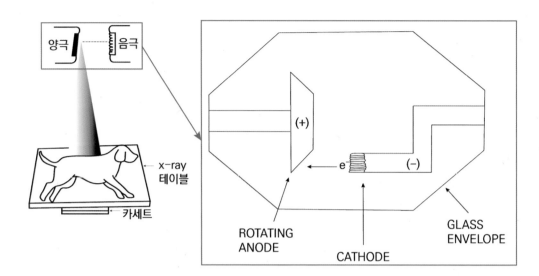

2. 방사선 장비(또는 모형)에서 X선관(X-ray tube), 검사대(table), 제어기(controller), 고전압제어 및 발생기(generator)가 각각 어디에 있는지 찾아보고 구성과 명칭을 설명한다.

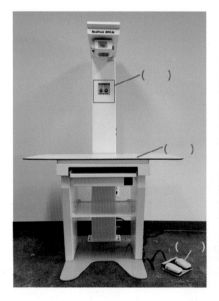
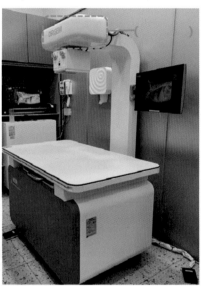

실습 일지

실습 날짜	. . .

실습 내용	
토의 및 핵심 내용	

교육내용 정리

03

방사선 노출조건표 작성

 실습개요 및 목적

1. 동물환자의 체격과 검사 부위에 따라 방사선기기의 노출 조건은 달라질 수 있다.
2. 양질의 방사선 영상을 획득하기 위해 동물병원에서 보유한 방사선기기의 촬영에 필요한 노출조건표를 작성하여 원활한 방사선검사를 보조할 수 있다.

 실습준비물

실습견	
방사선 촬영기기	

방사선 촬영자	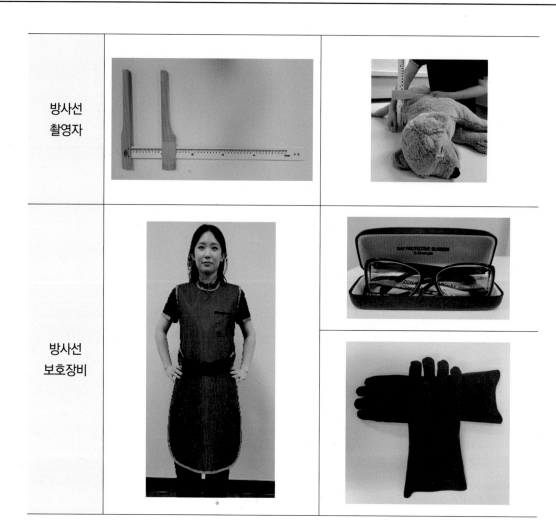	
방사선 보호장비		

1. 실습견으로 온순하고 중등도의 성견을 선택한다.

2. X-선 촬영장치에서 SID(Source Image Distance)를 조정한다. 일반적인 SID는 36-40inch(90-100cm)이다.

3. 실습견의 복부 시험촬영을 위해, 촬영자(caliper)를 이용하여 촬영하고자 하는 두께(13번째 갈비뼈 뒤쪽 가장자리)를 측정한다.

4. 시험 촬영을 한다.
   ① kVp를 먼저 결정한다.
      ※ Santes의 법칙
         촬영하고자 하는 부위의 두께(cm) × 2 + 40 = □ kVp
         (복부 촬영 두께가 5cm라면)
         5(cm) × 2 + 40 = 50kVp(Santes' rule)
   ② mAs는 5~10mAs 사이에 촬영하며 영상이 가장 좋은 조건으로 결정한다.

5. 획득한 영상의 평가하여 노출 조건을 조정한다.
   - 너무 어둡다 : mA 30-50%↓ 또는 kVp 10-15%↓
   - 너무 밝다 : mAs 30-50%↑ or kVp 10-15%↑

6. 시험촬영을 반복하여 노출조건표를 작성·완성한다.

실습 일지

실습 날짜	. . .

실습 내용	
토의 및 핵심 내용	

교육내용 정리

04

방사선 안전관리

 실습개요 및 목적

동물병원에서 영상진단검사를 위해 널리 사용되고 있는 방사선은 신체에 도달하여 흡수되었을 때 유해성이 있으므로 동물진단용 방사선 관련 종사자들은 방사선 안전 수칙을 숙지하고 주의해야 한다.

 실습준비물

고글	갑상선보호대	납장갑

납가운

1. 개인 방사선 보호장비 중 방사선 차폐 앞치마(납가운)의 올바른 착용법을 이해하고 착용한다.

2. 갑상선 보호대의 올바른 착용법을 이해하고 착용한다.

3. 눈에 대한 방사선 영향을 이해하고 방사선 차폐 안경(고글)을 착용한다.

4. 납장갑의 올바른 착용법을 이해하고 착용한다.

5. 개인 방사선 보호장비를 착용한 후 올바르게 정리하고 보관하는 방법을 의논한다.

6. 방사선 보호장비의 손상 여부를 정기적으로 확인하여 효과적인 방사선 안전관리가 되도록 한다.

실습 일지

실습 날짜	. . .

실습 내용	
토의 및 핵심 내용	

교육내용 정리

05

촬영자세 관련 용어

 ## 실습개요 및 목적

몸의 방향이나 위치를 표현하는 용어를 익히고 방사선 촬영에 있어 동물환자 자세잡기 용어를 사용함으로써 원활한 영상검사가 가능하도록 한다.

실습준비물

실습동물 또는 실습동물 모형		

1. 방사선의 방향은 방사선이 몸에 먼저 닿이는, 몸에 들어가는 부분에서 빠져나가는 방향으로 명명함을 이해하고, 흉부 촬영에 있어 외측상(lateral view)을 실습한다.

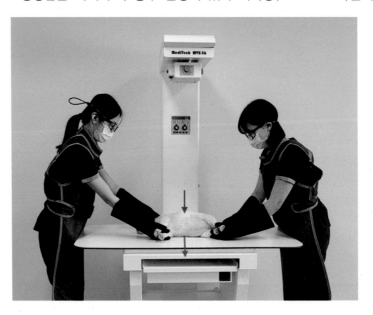

2. 흉부 촬영에 있어 복배상(VD view)을 실습한다.

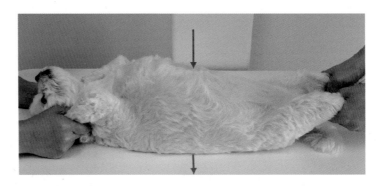

실습 일지

	실습 날짜	. . .

실습 내용	
토의 및 핵심 내용	

교육내용 정리

06

방사선영상의 처리

실습개요 및 목적

방사선 검사를 통해 획득한 영상은 아날로그영상과 디지털영상으로 구분할 수 있다. 일반적으로 필름(film) 영상으로 처리되는 아날로그영상 처리에 비해 최근에는 편리함과 신속성의 장점을 갖고 있는 디지털영상으로 바뀌고 있는 추세이다. 아날로그 및 디지털 영상 처리 방법을 이해하고 상황에 맞는 영상처리를 할 수 있는 실무능력을 배양한다.

실습준비물

수조	카세트 속 방사선필름

현상액	고정액
	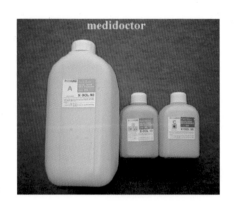

실습방법

1. 방사선 촬영한 필름 카세트를 들고 암실에서 방사선 필름을 꺼낸다.

2. 현상액이 든 수조에 방사선 필름을 넣고 현상한다. 이때 현상액이 손에 닿지 않도록 필름 집게를 사용하는 것이 좋다.

3. 현상액 수조에서 필름을 꺼내 물이 들어있는 수조에 넣고 필름을 헹군다.

4. 헹군 필름을 고정액이 들어있는 수조에 넣고 고정시킨다.

5. 고정액이 든 수조에서 필름을 꺼내 깨끗한 물이 들어있는 수조에 넣고 깨끗이 헹군다.

6. 헹군 필름을 잘 건조시킨다.

실습 일지

실습 날짜	. . .

실습 내용	
토의 및 핵심 내용	

교육내용 정리

메모

학습목표

- 흉부방사선 촬영 방법을 알고 원활한 검사보조를 할 수 있다.
- 복부방사선 촬영 방법을 알고 원활한 검사보조를 할 수 있다.
- 앞다리방사선 촬영 방법을 알고 원활한 검사보조를 할 수 있다.
- 뒷다리방사선 촬영 방법을 알고 원활한 검사보조를 할 수 있다.
- 척추방사선 촬영 방법을 알고 원활한 검사보조를 할 수 있다.
- 머리방사선 촬영 방법을 알고 원활한 검사보조를 할 수 있다.
- 식도조영검사 방법을 이해하고 원활한 검사보조를 할 수 있다.
- 방광조영검사 방법을 이해하고 원활한 검사보조를 할 수 있다.

PART

02

검사 부위에 따른
방사선검사 보조

01

흉부 방사선검사

 실습개요 및 목적

1. 흉부방사선 검사 방법을 이해하고 장비를 이용하여 동물환자의 기본 방사선검사를 보조할 수 있다.
2. 양질의 흉부 방사선 영상 획득을 위해
   - 중심선(beam center)이 어디인지 설명할 수 있다.
   - 촬영범위(ROI)가 어떻게 되는지 설명할 수 있다.
3. 흉부 방사선사진에서 동물의 정상 해부학적 구조를 설명할 수 있다.

 실습준비물

실습동물 또는 실습동물 모형		

방사선 촬영기기 또는 모형		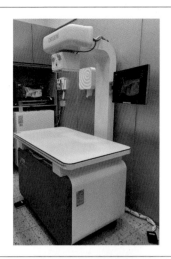
방사선 촬영자		
방사선 보호장비		 

■ 우측 외측상(Rt. lateral view) 촬영

1. 방사선 보호장비를 착용한다.

2. 실습동물(또는 모형)의 오른쪽 외측면이 검사대 바닥에 닿도록 눕힌다.

3. 촬영부위 두께를 측정할 때는 어깨뼈 뒤쪽 가장자리를 측정한다.

4. 실습생1 : 한 손으로 실습동물(또는 모형)의 머리가 꺾이거나 너무 숙여지지 않도록 잡고, 다른 한 손으로 앞다리를 잡아 살짝 앞으로 당긴다(앞다리를 살짝 앞으로 당김으로써 연부조직이 폐 전엽을 가리지 않도록 한다).

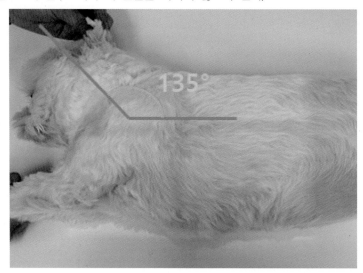

5. 실습생2 : 한 손으로 실습동물(또는 모형)의 꼬리를 잡고 다른 한 손으로는 뒷다리를 잡아 살짝 뒤로 당긴다(다리 사이에 손가락을 넣고 뒷다리를 잡아 실습동물의 움직임을 제어한다).

6. 방사선 촬영 범위는 인후두 부위에서 횡격막까지 모두 포함시킨다.

7. 방사선 촬영 시 중심선(beam center)을 어깨뼈 뒤쪽 가장자리에 맞춰 실습동물의 최대 흡기에 흉부 방사선을 촬영한다.

8. 촬영이 끝나면 방사선 보호장비를 벗어서 잘 정리한다.

■ 복배상(ventrodorsal view) 촬영

1. 방사선 보호장비를 착용한다.

2. 실습동물(또는 모형)의 등쪽 면이 검사대 바닥에 닿도록 눕힌다.

3. 실습생1 : 양손으로 실습동물(또는 모형)의 앞다리를 각각 잡고 앞으로 살짝 당긴다. 실습동물의 머리와 코는 검사대와 평행하도록 하여 좌/우로 머리가 돌아가지 않도록 주의한다.

4. 실습생2 : 실습동물(또는 모형)의 뒷다리를 각각 잡고 뒤쪽으로 살짝 당긴다. 실습동물의 흉부가 좌/우로 돌아가지 않고 대칭이 될 수 있도록 주의한다(머리-목-척추가 일직선 상에 놓이도록 잡는다).

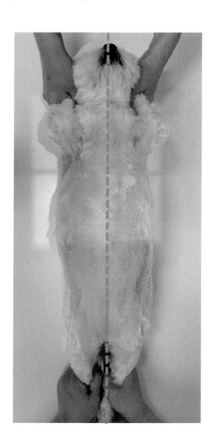

5. 방사선 촬영 범위는 인후두 부위에서 횡격막까지 모두 포함시킨다.

6. 방사선 촬영 시 중심선(beam center)을 어깨뼈 뒤쪽 가장자리에 맞춰 실습동물의 최대 흡기에 흉부 방사선을 촬영한다.

7. 촬영 후 방사선 보호장비를 벗어서 잘 정리한다.

실습 일지

	실습 날짜	. . .

실습 내용	
토의 및 핵심 내용	

교육내용 정리

02

복부 방사선검사

 실습개요 및 목적

1. 복부방사선 검사 방법을 이해하고 장비를 이용하여 동물환자의 기본 방사선검사를 보조할 수 있다.
2. 양질의 복부 방사선 영상 획득을 위해
   - 중심선(beam center)이 어디인지 설명할 수 있다.
   - 촬영범위(ROI)가 어떻게 되는지 설명할 수 있다.
3. 복부 방사선사진에서 동물의 정상 해부학적 구조를 설명할 수 있다.

 실습준비물

실습동물 또는 실습동물 모형		

방사선 촬영기기 또는 모형		
방사선 촬영자		
방사선 보호장비		

■ 복부 외측상(lateral view) 촬영

1. 방사선 보호장비를 착용한다.

2. 실습동물(또는 모형)의 오른쪽 외측면이 검사대 바닥에 닿도록 한다(lateral recum bency).

3. 실습생1 : 한 손으로 실습동물의 머리를 잡고 다른 한 손은 앞다리를 잡아 앞으로 살짝 당긴다(앞다리 사이 간격을 유지해야 몸통이 회전하지 않는다).

4. 실습생2 : 한 손으로 실습동물의 꼬리를 잡고 다른 한 손은 뒷다리를 잡아 뒤로 살짝 당긴다(뒷다리의 연부조직이 후복강 영상을 가리지 않도록 한다).

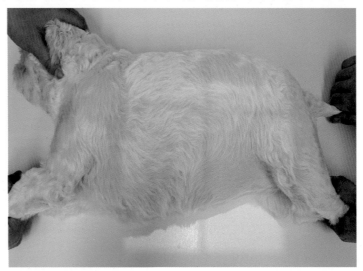

5. 실습동물의 횡격막에서 항문까지 모두 영상에 포함되도록 방사선 노출 범위(colli mation)를 조절한다.

6. 방사선 촬영 시 중심선(beam center)을 13번째 갈비뼈 가장자리에 맞춰 실습동 물의 최대 호기에 복부 방사선을 촬영한다(복강 용적이 최대일 때 촬영을 한다).

7. 촬영이 끝나면 방사선 보호장비를 벗어서 잘 정리한다.

■ 복배상(ventrodorsal view) 촬영

1. 방사선 보호장비를 착용한다.

2. 실습동물의 등쪽 면이 방사선 검사대 바닥에 닿도록 눕힌다(dorsal recumbancy).

3. 실습생1 : 오른손으로 실습동물의 오른쪽 앞다리를 왼손으로 실습동물의 왼쪽 앞
   다리를 잡고 앞으로 살짝 당긴다. 실습동물의 머리와 코는 방사선 검사대와 평행
   하게 놓고 몸통이 좌/우로 돌아가지 않도록 한다.

4. 실습생2 : 오른손으로 실습동물의 왼쪽 뒷다리를 왼손으로 실습동물의 오른쪽 뒷
   다리를 잡아 자연스러운 개구리 자세로 다리를 잡는다.

5. 실습동물의 횡격막에서 항문까지 영상에 포함되도록 방사선 노출 범위(collimatio
   n)를 조절한다.

6. 방사선 촬영 시 중심선(beam center)을 13번째 갈비뼈 가장자리에 맞춰 실습동
   물의 최대 호기에 복부 방사선을 촬영한다.

7. 촬영 후 방사선 보호장비를 벗어서 잘 정리한다.

실습 일지

	실습 날짜	. . .

실습 내용	
토의 및 핵심 내용	

교육내용 정리

03

앞다리 방사선검사

 실습개요 및 목적

1. 앞다리방사선 검사 방법을 이해하고 장비를 이용하여 동물환자의 기본 방사선검사를 보조할 수 있다.
2. 양질의 앞다리 방사선 영상 획득을 위해
   - 중심선(beam center)이 어디인지 설명할 수 있다.
   - 촬영범위(ROI)가 어떻게 되는지 설명할 수 있다.
3. 앞다리 방사선사진에서 동물의 정상 해부학적 구조를 설명할 수 있다.

 실습준비물

실습동물 또는 실습동물 모형		

방사선 촬영기기 또는 모형		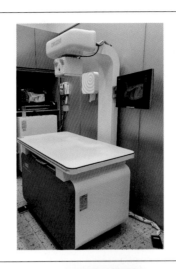
방사선 촬영자		
방사선 보호장비	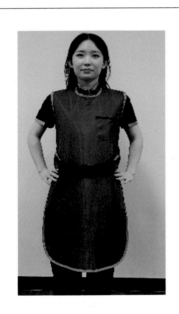	 

■ 오른쪽 상완뼈의 craniocaudal(CrCd) view 촬영

1. 방사선 보호장비를 착용한다.

2. 실습동물(또는 모형)의 배쪽 면이 검사대 바닥에 닿도록 눕힌다.

3. 실습생1 : 실습동물의 머리와 반대편 앞다리를 잡아 오른쪽 촬영하고자 하는 다리
   와 겹치지 않게 한다. 실습동물의 몸통과 뒷다리를 제어해서 움직이지 않도록 주
   의한다.

4. 실습생2 : 한 손으로 오른쪽 어깨뼈 부위를 잡고, 다른 한 손으로 오른쪽 앞발목
   뼈 부위를 잡아 상완뼈가 검사대와 평행하게 놓이도록 잡는다. 실습동물의 앞다리
   움직임과 회전을 방지하고 상완뼈가 검사대와 최대한 가깝게 위치시켜 방사선 영
   상의 왜곡을 최소화시킨다.

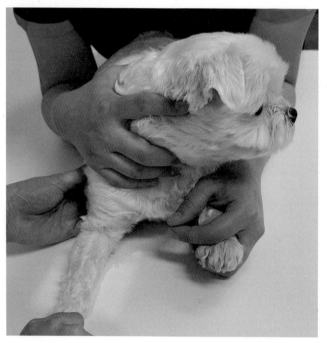

5. 방사선 촬영 시 중심선(beam center)은 오른쪽 상완뼈의 몸통 중앙이다.

6. 방사선 촬영 범위는 오른쪽 어깨관절, 앞다리굽이관절을 모두 포함한다.

7. 촬영이 끝나면 방사선 보호장비를 벗어서 잘 정리한다.

■ 오른쪽 상완뼈의 내외측상(mediolateral view) 촬영

1. 방사선 보호장비를 착용한다.

2. 실습동물(또는 모형)의 오른쪽 외측면이 검사대 바닥에 닿도록 눕힌다.

3. 실습생1 : 한 손으로 실습동물의 머리와 반대편 다리를 잡아 오른쪽 상완뼈와 겹치지 않도록 한다. 또 다른 손으로 실습동물의 뒷다리를 잡아 움직임을 최소한으로 한다.

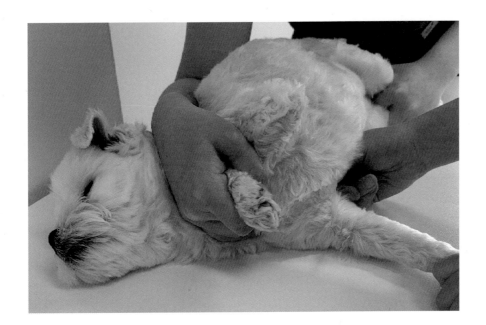

4. 실습생2 : 한 손으로 오른쪽 어깨뼈 부위를 잡고 다른 한 손으로 오른쪽 앞발목뼈 부위를 잡아 상완뼈를 검사대와 최대한 가깝게 위치시킨다. 오른쪽 앞다리의 움직임과 회전을 방지하여 영상의 왜곡을 최소화한다.

5. 방사선 중심선(beam center)는 오른쪽 상완뼈의 몸통 가운데이다.

6. 방사선 촬영 범위는 오른쪽 어깨관절, 앞다리굽이관절을 모두 포함한다.

7. 촬영이 끝나면 방사선 보호장비를 벗어서 잘 정리한다.

실습 일지

실습 날짜	. . .

실습 내용	
토의 및 핵심 내용	

교육내용 정리

04

뒷다리 방사선검사

 실습개요 및 목적

1. 뒷다리방사선 검사 방법을 이해하고 장비를 이용하여 동물환자의 기본 방사선검사를 보조할 수 있다.
2. 양질의 뒷다리 방사선 영상 획득을 위해
   - 중심선(beam center)이 어디인지 설명할 수 있다.
   - 촬영범위(ROI)가 어떻게 되는지 설명할 수 있다.
3. 뒷다리 방사선사진에서 동물의 정상 해부학적 구조를 설명할 수 있다.

 실습준비물

실습동물 또는 실습동물 모형		

방사선 촬영기기 또는 모형		
방사선 촬영자		
방사선 보호장비		

■ 골반뼈의 외측상(lateral view) 촬영

1. 방사선 보호장비를 착용한다.

2. 실습동물(또는 모형)의 오른쪽 외측면이 검사대 바닥에 닿도록 눕힌다.

3. 실습생1 : 한손으로 실습동물의 머리를 잡고 다른 손으로 앞다리를 잡는다.

4. 실습생2 : 각각의 손으로 실습동물의 뒷다리를 하나씩 잡고 오른쪽 뒷다리가 왼쪽
   보다 좀 더 앞에 놓이도록 겹치지 않게 잡는다(오른쪽/왼쪽을 표시한다).

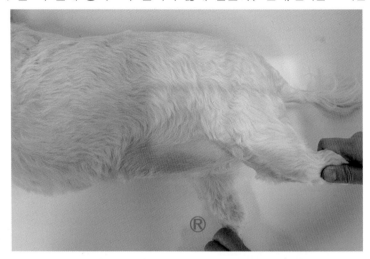

5. 방사선 중심선(beam center)은 대퇴관절(고관절, hip joint)에 맞춘다.

6. 방사선 촬영 범위는 골반뼈 전체를 포함시킨다.

7. 촬영이 끝나면 방사선 보호장비를 벗어서 잘 정리한다.

■ 골반뼈의 복배상(VD view) 촬영

1. 방사선 보호장비를 착용한다.

2. 실습동물(또는 모형)의 등쪽 면이 검사대 바닥에 닿도록 눕힌다.

3. 실습생1 : 양손으로 앞다리를 하나씩 잡고 실습동물의 몸이 좌우로 돌아가지 않게 한다.

4. 실습생2 : 양손으로 뒷다리는 하나씩 잡고 대퇴관절(hip joint)이 척추에서 45°정도 되도록 자연스럽게 구부러진 자세로 잡는다(frog-leg view).

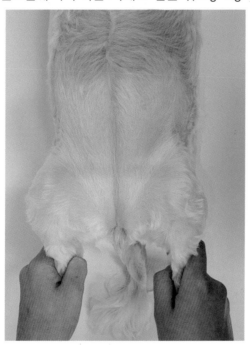

5. 방사선 중심선(beam center)는 양쪽 대퇴관절의 가운데이다.

6. 방사선 촬영 범위는 엉덩이 능선(iliac crest)에서 무릎뼈(슬개골, patella)까지 모두를 포함시킨다.

7. 촬영이 끝나면 방사선 보호장비를 벗어서 잘 정리한다.

실습 일지

실습 날짜	. . .

실습 내용	
토의 및 핵심 내용	

교육내용 정리

05

척추 방사선검사

 실습개요 및 목적

1. 척추방사선 검사 방법을 이해하고 장비를 이용하여 동물환자의 기본 방사선검사를 보조할 수 있다.
2. 양질의 척추 방사선 영상 획득을 위해
   - 중심선(beam center)이 어디인지 설명할 수 있다.
   - 촬영범위(ROI)가 어떻게 되는지 설명할 수 있다.
3. 척추 방사선사진에서 동물의 정상 해부학적 구조를 설명할 수 있다.

 실습준비물

실습동물 또는 실습동물 모형		

방사선 촬영기기 또는 모형		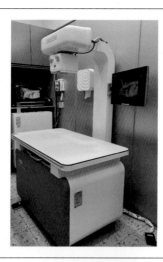
방사선 촬영자		
방사선 보호장비	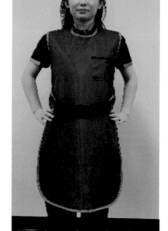	 

■ 목뼈(경추) 외측상(lateral view) 촬영

1. 방사선 보호장비를 착용한다.

2. 실습동물(또는 모형)의 오른쪽 외측면이 검사대 바닥에 닿도록 눕힌다.

3. 실습생1 : 한 손으로 실습동물의 귀를 모아 잡고 반대편 손으로는 주둥이를 잡아 앞으로 살짝 당긴다.

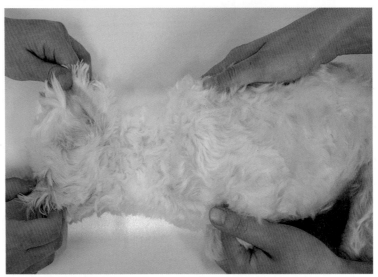

4. 실습생2 : 한 손으로 실습동물의 등쪽 몸통을 잡고 반대편 손으로 앞다리를 잡아 몸통쪽으로 당긴다. 이때 몸통이 회전되지 않도록 주의한다.

5. 방사선 촬영 범위는 1번 목뼈부터 7번 목뼈까지 모두 포함시킨다.

6. 방사선 중심선(beam center)는 목뼈 배열에서 중앙(4번 목뼈)에 맞춘다.

7. 촬영이 끝나면 방사선 보호장비를 벗어서 잘 정리한다.

■ 복배상(ventrodorsal view) 촬영

1. 방사선 보호장비를 착용한다.

2. 실습동물(또는 모형)의 등쪽 면이 검사대 바닥에 닿도록 눕힌다.

3. 실습생1 : 한 손으로 실습동물의 오른쪽 귀와 머리를 같이 잡고 반대편 손으로 왼쪽 귀와 머리를 같이 잡아 앞으로 살짝 당긴다. 이때 실습동물의 머리가 좌/우로 돌아가지 않도록 주의한다.

4. 실습생2 : 오른손으로 실습동물의 왼쪽 앞다리를 몸통쪽으로 당겨 잡고 왼손으로 실습동물의 오른쪽 앞다리를 몸통쪽으로 당겨 잡는다. 이때 몸통이 좌/우로 회전되지 않고 대칭이 되도록 주의한다.

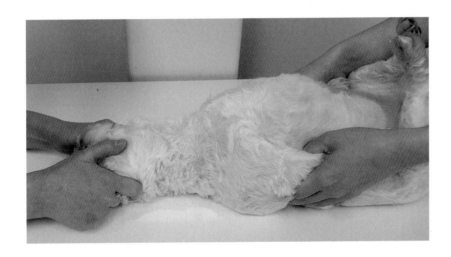

5. 방사선 촬영 범위는 1번 목뼈부터 7번 목뼈까지 모두 포함시킨다.

6. 방사선 중심선(beam center)는 목뼈 배열에서 중앙(4번 목뼈)에 맞춘다.

7. 촬영 후 방사선 보호장비를 벗어서 잘 정리한다.

실습 일지

실습 날짜	. . .

실습 내용	
토의 및 핵심 내용	

교육내용 정리

06 머리 방사선검사

 실습개요 및 목적

1. 머리방사선 검사 방법을 이해하고 장비를 이용하여 동물환자의 기본 방사선검사를 보조할 수 있다.
2. 양질의 머리 방사선 영상 획득을 위해
   - 중심선(beam center)이 어디인지 설명할 수 있다.
   - 촬영범위(ROI)가 어떻게 되는지 설명할 수 있다.
3. 머리 방사선사진에서 동물의 정상 해부학적 구조를 설명할 수 있다.

 실습준비물

실습동물 또는 실습동물 모형		

방사선 촬영기기 또는 모형		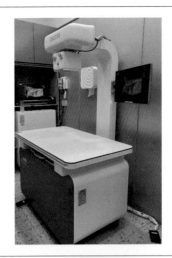
방사선 촬영자		
방사선 보호장비		 

■ 두개골 외측상(lateral view) 촬영

1. 방사선 보호장비를 착용한다.

2. 실습동물(또는 모형)의 오른쪽 외측면이 검사대 바닥에 닿도록 눕힌다.

3. 실습생1 : 한 손으로 양쪽 귀를 모아 잡고 반대편 손으로 실습동물의 주둥이를 받쳐 앞으로 살짝 당긴다.

4. 실습생2 : 한 손으로 실습동물의 등쪽 몸통을 잡고 반대편 손으로 앞다리를 몸통쪽으로 잡아 뒤쪽으로 살짝 당긴다. 이때 몸통의 회전은 두개골의 정 외측상을 방해할 수 있으므로 주의한다.

5. 방사선 촬영 범위는 두개골 전체를 포함시킨다.

6. 촬영이 끝나면 방사선 보호장비를 벗어서 잘 정리한다.

■ 두개골 배복상(dorsoventral view) 촬영

1. 방사선 보호장비를 착용한다.

2. 실습동물(또는 모형)의 배쪽 면이 검사대 바닥에 닿도록 눕힌다.

3. 실습생1 : 왼손으로 실습동물의 오른쪽 귀를 잡고 오른손으로 실습동물의 왼쪽 귀
   를 잡아 머리가 좌/우 대칭이 될 수 있도록 조정한다. 이때 실습동물의 머리와 코
   는 방사선 검사대와 평행하게 유지한다.

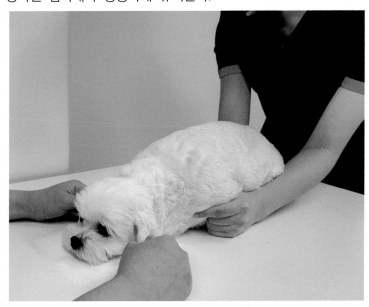

4. 실습생2 : 오른손으로 실습동물의 왼쪽 앞다리를 몸통으로 당겨 잡고 왼손으로 실
   습동물의 오른쪽 앞다리를 몸통 쪽으로 당겨 잡는다. 이때 몸통이 돌아가면 머리
   가 완전히 대칭이 되지 않을 수 있으므로 좌/우 돌아가지 않도록 주의한다.

5. 방사선 촬영 범위는 두개골 전체가 포함하도록 한다.

6. 촬영 후 방사선 보호장비를 벗어서 잘 정리한다.

실습 일지

	실습 날짜	. . .

실습 내용	
토의 및 핵심 내용	

교육내용 정리

07

식도조영검사

 실습개요 및 목적

1. 식도 조영검사 방법을 이해하고 검사를 보조할 수 있다.
2. 동물환자의 식도 조영검사 과정에서 주의할 점을 숙지하고 안전한 검사가 진행될 수 있도록 한다.

 실습준비물

실습동물 또는 실습동물 모형		

방사선 촬영기기 또는 모형		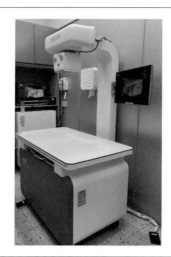
바륨 조영제와 통조림		
방사선 보호장비		 

1. 방사선 보호장비를 착용한다.

2. 실습동물의 일반 방사선 촬영을 실시한다.

3. 황산바륨(barium sulfate) 조영제를 통조림 사료에 1:1로 섞어 준비한다.

4. 실습동물을 외측상 방사선촬영 자세로 눕힌 다음 준비한 조영제를 먹이면서 외측상 방사선 촬영을 연속적으로 실시하여 조영제가 넘어가는 영상을 촬영한다.

5. 촬영이 끝나면 방사선 보호장비를 벗어서 잘 정리한다.

실습 일지

실습 날짜	. . .

실습 내용	
토의 및 핵심 내용	

교육내용 정리

08

방광조영검사

실습개요 및 목적

1. 방광 조영검사 방법을 이해하고 검사를 보조할 수 있다.
2. 동물환자의 방광 조영검사 과정에서 주의할 점을 숙지하고 안전한 검사가 진행될 수 있도록 한다.

실습준비물

실습동물 또는 실습동물 모형		

방사선 촬영기기 또는 모형	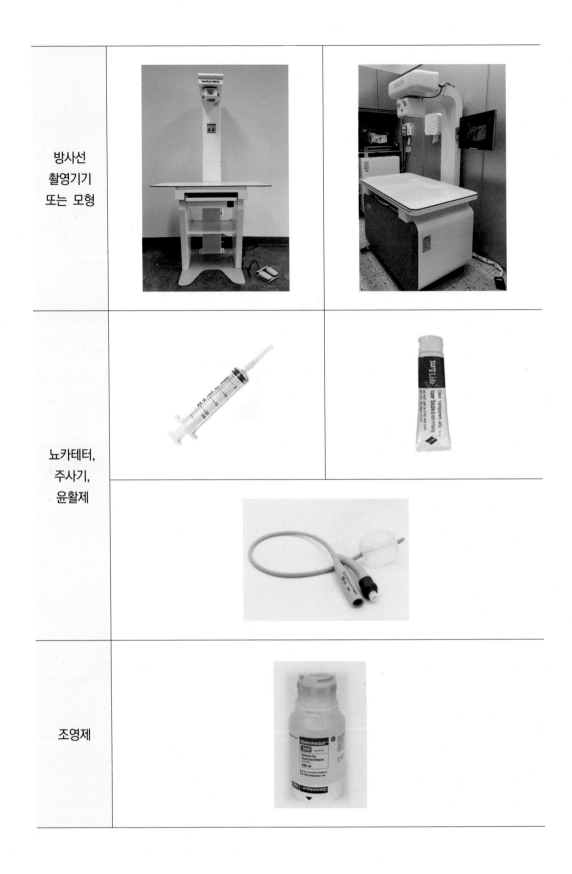	
뇨카테터, 주사기, 윤활제		
조영제		

| 방사선 보호장비 |  |  |
| | |  |

실습방법

■ 양성 방광조영술(positive-contrast cystogram) 촬영

1. 방사선 보호장비를 착용한다.

2. 실습동물의 일반 복부방사선 촬영을 실시한다.

3. 실습동물의 체중 당 3.5~13ml/kg의 조영제(omnipaque 150~400mg I/ml)를 준비한다.

4. 실습동물을 검사대에 눕히고 요도에 요도카테터를 삽입한 후 빈 주사기를 연결하여 방광 내 요를 제거한다.

5. 요도카테터를 통해 준비한 조영제를 주입한다(계산한 조영제를 모두 주입하기 전에 외부에서 손으로 방광을 촉진했을 때 방광이 적당히 팽창했거나 조영제를 주입하는 주사기로 역압(back pressure)이 느껴지면 조영제 주입을 중단한다).

6. 조영제가 찬 방광을 평가하기 위해 하복부 방사선 촬영을 4방향으로(외측상 복배상, 좌측 oblique view, 우측 oblique view) 실시한다.

7. 촬영이 끝나면 방사선 보호장비를 벗어서 잘 정리한다.

실습 일지

	실습 날짜	. . .

실습 내용	
토의 및 핵심 내용	

교육내용 정리

학습목표

- 초음파 검사기기의 원리와 구성을 설명할 수 있다.
- 복부초음파의 원활한 검사보조를 할 수 있다.
- 심장초음파의 원활한 검사보조를 할 수 있다.
- 안초음파의 원활한 검사보조를 할 수 있다.

PART

03

초음파검사 원리의
이해와 검사보조

초음파검사 원리 이해 및 기기 구성

 실습개요 및 목적

1. 동물진단용 초음파 검사 기기의 원리를 이해하고 설명할 수 있다.
2. 초음파기기의 구성을 이해하고 설명할 수 있다.
3. 원활한 검사를 위해 초음파검사 기기의 관리 방법을 숙지하고 설명할 수 있다.

 실습준비물

초음파
검사 기기
(또는 그림)

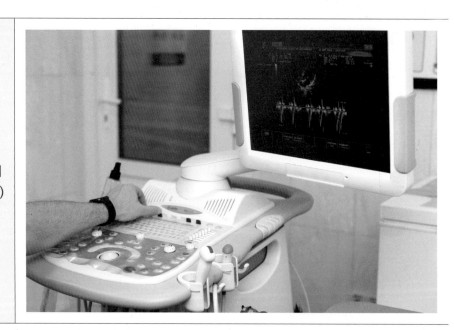

1. 초음파진단 기기의 원리에 대해 설명한다.

2. 초음파기기 또는 그림을 보고 장비의 구성과 명칭에 대해 설명한다.

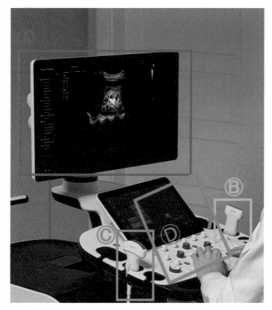

Ⓐ 화면(monitor)
Ⓑ 탐촉자 : linear probe
Ⓒ 탐촉자 : convex probe
Ⓓ 기기 계기판(console)

실습 일지

실습 날짜	. . .

실습 내용	
토의 및 핵심 내용	

교육내용 정리

복부 초음파검사

02

🐾 실습개요 및 목적

1. 동물환자의 복부초음파 검사를 위한 준비과정과 주의할 점을 이해하고 적용할 수 있다.
2. 복부초음파 검사를 위해 동물환자의 자세를 어떻게 잡고 보조해야 하는지 설명할 수 있다.

🐾 실습준비물

초음파
검사 기기
(또는 그림)

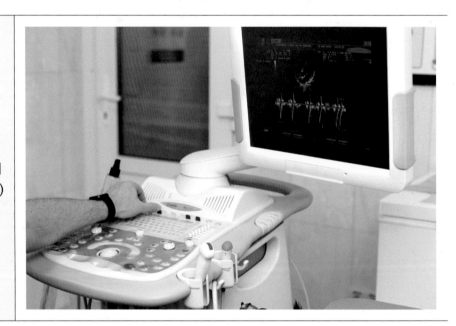

실습동물 또는 실습동물 모형		
초음파젤, 클리퍼		

1. 복부 초음파 검사 장비의 준비
   1) 전원(on-off) 스위치를 켠다.
   2) 실습동물의 정보를 입력한다.
   3) 탐촉자(transducer)/주파수(frequency) 선택한다.
   4) 실습동물의 검사할 부위를 초음파 기계에서 선택한다.
   5) 영상의 최적화를 위해 검사 부위에 맞게 Depth, Focus, Gain, TGC 등 조절한다.
      - Death : 소형견 복부 검사할 때는 4~5cm로 조정한다.
      - Focus : 검사하는 장기의 해상도를 높이기 위해 조정한다.
      - Gain : 영상의 밝기를 조절한다.
      - TGC(time-gain compensation) : 검사 장기의 깊이(death)에 따른 투과도 보정을 위해 설정한다.
   6) 검사가 끝나면 검사 장비를 깨끗이 닦고 제자리로 각 장비를 정리한다.

2. 실습동물의 준비
   1) 검사 부위에 따라 금식이 필요할 수도 있다.
      - 복부 초음파 검사의 경우, 검사 8시간 전 금식
      - 배변을 시키면 장 내용물의 방해 없이 장 분절의 검사가 용이하다.
      - 방광 검사가 필요한 실습동물의 경우 보호자가 안고 검사를 대기할 수 있다.
   2) 삭모(clipping) : 검사할 부위의 털을 깎는다.
   3) 실습동물이 검사를 받는 동안 불편함이 없도록 편안한 자세로 누워서 검사를 진행한다.

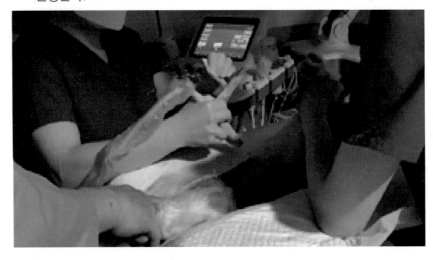

실습 일지

실습 날짜	. . .

실습 내용	
토의 및 핵심 내용	

교육내용 정리

03

심장 초음파검사

🐕 실습개요 및 목적

1. 동물환자의 심장초음파 검사를 위한 준비과정과 주의할 점을 이해하고 적용할 수 있다.

2. 심장초음파 검사를 위해 동물환자의 자세를 어떻게 잡고 보조해야 하는지 설명할 수 있다.

🐕 실습준비물

초음파
검사 기기
(또는 그림)

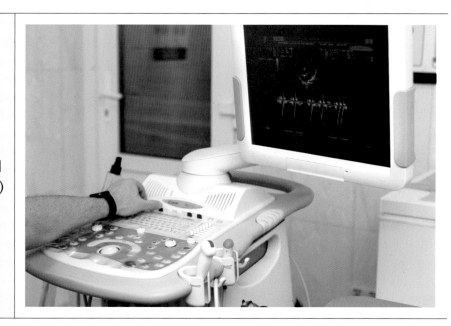

실습동물 또는 실습동물 모형		
초음파젤, 클리퍼		

1. 심장 초음파 검사 장비의 준비
   1) 전원(on-off) 스위치를 켠다.
   2) 실습동물의 정보를 입력한다.
   3) 탐촉자(transducer)/주파수(frequency) 선택한다.
   4) 실습동물의 검사할 부위를 초음파 기계에서 선택한다.
   5) 영상의 최적화를 위해 검사 부위에 맞게 Depth, Focus, Gain, TGC 등 조절한다.
      - Death : 검사 부위를 어느 정도 크기로 관찰할 것인가를 결정한다.
      - Focus : 검사하는 장기의 해상도를 높이기 위해 조정한다.
      - Gain : 영상의 밝기를 조절한다.
      - TGC(time-gain compensation) : 검사 장기의 깊이(death)에 따른 투과도 보정을 위해 설정한다.
   6) 검사가 끝나면 검사 장비를 깨끗이 닦고 제자리로 각 장비를 정리한다.

2. 실습동물의 준비
   1) 심장초음파 검사를 위해서는 금식이 필요하지 않다.
   2) 삭모(clipping) : 3~6번째 갈비뼈 사이 공간의 털을 깎는다.
   3) 삭모한 피부 면에 공기 입자가 개재할 수 있으므로 알코올 스프레이를 뿌릴 수 있다.
   4) 검사할 부위에 초음파가 잘 전달되도록 젤을 바른다.
   5) 실습동물이 검사를 받는 동안 불편함이 없도록 편안한 자세로 옆으로 누운 자세에서 검사를 진행한다(폐의 간섭을 최소화).

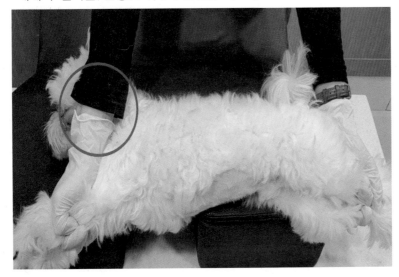

실습 일지

실습 날짜	. . .

실습 내용	
토의 및 핵심 내용	

교육내용 정리

안초음파 검사

실습개요 및 목적

1. 동물환자의 안초음파 검사를 위한 준비과정과 주의할 점을 이해하고 적용할 수 있다.
2. 안초음파 검사를 위해 동물환자의 자세를 어떻게 잡고 보조해야 하는지 설명할 수 있다.

실습준비물

초음파
검사 기기
(또는 그림)

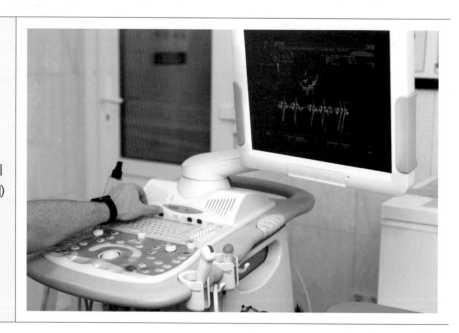

실습동물 또는 실습동물 모형		
초음파젤, 클리퍼		

1. 안초음파 검사 장비의 준비
   1) 전원(on-off) 스위치를 켠다.
   2) 실습동물의 정보를 입력한다.
   3) 탐촉자(transducer)/주파수(frequency) 선택한다.
   4) 실습동물의 검사할 부위를 초음파 기계에서 선택한다.
   5) 영상의 최적화를 위해 검사 부위에 맞게 Depth, Focus, Gain, TGC 등 조절한다.
      - Death : 검사 부위를 어느 정도 크기로 관찰할 것인가를 결정한다.
      - Focus : 검사하는 장기의 해상도를 높이기 위해 조정한다.
      - Gain : 영상의 밝기를 조절한다.
      - TGC(time-gain compensation) : 검사 부위의 깊이(death)에 따른 투과도 보정을 위해 설정한다.
   6) 검사가 끝나면 검사 장비를 깨끗이 닦고 제자리로 각 장비를 정리한다.

2. 실습동물의 준비
   1) 검사를 위해 실습동물이 검사대에 앉는 자세를 취할 수 있도록 보조한다.
   2) 실습생은 한 손으로 실습동물(또는 모형)의 앞다리를 모아 잡고 반대편 손으로 머리를 잡아 실습동물의 몸을 실습생의 몸에 최대한 밀착시켜 실습동물의 움직임을 제어한다.

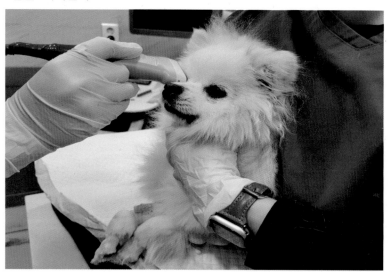

실습 일지

실습 날짜	. . .

실습 내용	
토의 및 핵심 내용	

교육내용 정리

메모

○ ○ ○

학습목표

- CT 검사보조를 원활하게 할 수 있다.
- MRI 검사보조를 원활하게 할 수 있다.

PART

04

CT 및 MRI 검사보조

01
CT 검사보조

실습개요 및 목적

1. 동물환자의 CT 검사를 위한 준비과정과 주의할 점을 이해하고 적용할 수 있다.
2. CT 검사를 위해 동물환자의 자세를 어떻게 잡고 검사 보조를 해야 하는지 설명할 수 있다.

실습준비물

CT (또는 그림)	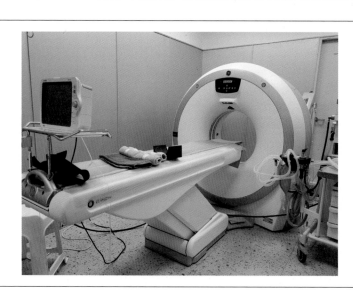

1. CT 촬영 준비

   1) CT 검사 전에 실습동물(또는 모형)이 착용한 옷이나 목줄을 제거한다.

   2) 동물 환자의 경우 본 검사를 위해서 전신마취가 필요 : 검사 8시간 전부터 금식
      해야 한다.

   3) 촬영 전 CT 전원을 켜고 warm-up을 하여 촬영할 수 있는 상태로 준비한다.

   4) 마취기와 조영제 자동 주입기를 확인한다.

   5) CT 기계 table에 검사 부위에 맞게 실습동물의 검사에 맞는 자세를 잡은 후
      실습동물의 몸 주변 케이블을 정리한다(모니터링을 위해 연결한 케이블은 영상에
      허상을 유발할 수 있으므로 최대한 검사 부위에서 멀리 위치시킨다).

   6) 담요를 이용하여 실습동물이 검사 동안 체온이 떨어지지 않도록 한다.

   7) CT 촬영을 진행한다.

실습 일지

실습 날짜	. . .

실습 내용	
토의 및 핵심 내용	

교육내용 정리

02

MRI 검사보조

 실습개요 및 목적

1. 동물환자의 MRI 검사를 위한 준비과정과 주의할 점을 이해하고 적용할 수 있다.
2. MRI 검사를 위해 동물환자의 자세를 어떻게 잡고 검사 보조를 해야 하는지 설명할 수 있다.

 실습준비물

MRI (또는 그림)	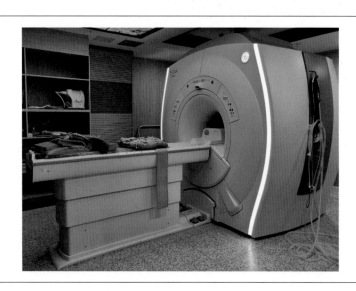

1. MRI 촬영 준비

   1) 실습동물의 목줄, 인식표 등을 제거한다. 체내 삽입된 마이크로칩으로 인해 허상이 생길 수 있으므로 촬영 부위에 따라 검사 전 제거할 수 있다.

   2) 체내 금속 물질 등(fixing device..)이 장착되어 있다면 위험할 수 있어 다른 검사로 대체할 수 있다.

   3) 동물 환자의 경우 본 검사를 위해서는 전신마취가 필요 : 검사 8시간 전 금식해야 한다.

   4) MRI 영상화를 위한 메인 컴퓨터는 일정 온도를 유지해야 한다.

   5) 검사 부위에 맞게 table 내 환자 자세를 잡은 후 촬영을 시작한다.

   6) 검사 부위에 맞게 RF 코일, 조영제, 담요 또는 실습동물의 자세를 잡기 위한 쿠션이 필요할 수 있다.

※ MRI 검사 시 안전·유의사항(MR 검사실에 들어가기 전)

   – 실습동물의 몸 겉에 있는 금속 물질을 제거하고 몸 안에 있는 마이크로칩이나 fixing device 등이 있는지 확인하는 과정이 필요하다.

   – 검사보조자의 몸에 지닌 물품을 확인 : 의료용 가위, 포셉 등의 금속 물질, 휴대전화 등의 전자제품이나 신용카드 등을 가지고 검사실에 들어가지 않도록 주의한다.

실습 일지

실습 날짜	. . .

실습 내용	
토의 및 핵심 내용	

교육내용 정리

저자

김경민
경성대학교 반려생물학과

박영재
전주기전대학 동물보건과

감수자

김영훈_우송정보대
윤은희_영남이공대

이영덕_부산여대
황인수_서정대

동물보건 실습지침서
동물보건영상학 실습

초판발행	2023년 3월 30일
지은이	김경민·박영재
펴낸이	노 현
편 집	탁종민
기획/마케팅	김한유
표지디자인	이소연
제 작	고철민·조영환
펴낸곳	㈜ 피와이메이트
	서울특별시 금천구 가산디지털2로 53, 210호(가산동, 한라시그마밸리)
	등록 2014. 2. 12. 제2018-000080호
전 화	02)733-6771
f a x	02)736-4818
e-mail	pys@pybook.co.kr
homepage	www.pybook.co.kr
ISBN	979-11-6519-403-1 94520
	979-11-6519-395-9(세트)

정 가   20,000원

박영스토리는 박영사와 함께하는 브랜드입니다.